（平装版）

如果你住在这里

——世界各地的房子

〔美〕吉尔斯·拉沃什 著　王越 译

中国友谊出版公司

如果你住在这里——一个狗跑木屋，当你想从卧室去厨房时，你得走到屋外。家里人睡觉的地方在屋子的一边，而厨房和起居室在屋子的另一边，连接这两边的是个敞开的、铺着木地板的走廊。狗可以在木地板上睡觉，负鼠也可以在木地板上小跑。如果你住在这里，你也可以在木地板上睡觉或跑来跑去。

这是什么房屋类型？
狗跑木屋或鼠跑木屋（dogtrot or possumtrot log house）。早期美洲拓荒者用他们开垦农田时砍下的木材来盖木屋，又快又方便。因为很难找到长度超过 5 米的直原木，而这些原木对拓荒者来说不算太重，所以他们建造两块独立的 25 平方米左右的空间，再把它们用同一个屋顶连起来，使屋子更大。

它是由什么材质建造的？
狗跑木屋的墙壁和烟囱是由附近森林里砍伐的木材制成，四角由手工制作的斧子切开的凹槽拼接在一起。石头、树枝、泥甚至苔藓被塞进木头之间的缝隙，以阻挡冷空气入侵。木屋的地板一般是裸土，随着时间推移，居民开始用木板盖住泥地板，并用石头或砖块重建烟囱，取代容易着火的木质烟囱。

它坐落在哪里？
狗跑木屋建在美国大西洋中部和南部殖民地的高山及森林里。

它是什么时候建造的？
在 18、19 世纪美国向南部和西部大开发时期，狗跑木屋非常流行。现在的狗跑木屋一般建在乡下、森林和郊外，比老式狗跑木屋更大，也更加舒适。

关于它的一个有趣的事：
有 7 任美国总统曾住过木屋：詹姆斯·波尔克（James Polk）、扎卡里·泰勒（Zachary Taylor）、米勒德·菲尔莫尔（Millard Fillmore）、詹姆斯·布坎南（James Buchanan）、亚伯拉罕·林肯（Abraham Lincoln）、尤利西斯·辛普森·格兰特（Ulysses S. Grant）和詹姆斯·艾伯拉姆·加菲尔德（James Abram Garfield）。

如果你住在这里，在白雪皑皑的山上，你可以把绵羊啊、山羊啊、牛啊养在你家的牧人小屋里。牧人小屋一般有 4 层，比美国的"狗跑木屋"大多了。动物们住在底层，而你和兄弟姐妹们住在高高的顶层。你的雪橇、雪鞋和溜冰鞋会被放在大门旁边最低一层的露台上，而家里自制的奶酪会储藏在地窖。

这是什么房屋类型？

牧人小屋（chalet），来自法语单词"châtae-let"，意思是"小城堡"。在冬天，牧人小屋那缓缓倾斜的屋顶上会覆满白雪，使屋内火炉的热气不外散。露台上方宽广的屋檐会把融雪挡在墙和露台外面。

它是由什么材质建造的？

牧人小屋的框架、地板和侧墙都是由附近森林里砍伐的木材制成。屋顶是由从当地山上发掘的一种叫板岩的平整石片构成，经久耐用。屋檐、露台用雕刻和绘制的图案装饰。

它坐落在哪里？

瑞士、奥地利、德国、法国和斯堪的纳维亚半岛的山区。

它是什么时候建造的？

牧人小屋最早在 12 世纪由瑞士的农民建造。这种拥有现代外观的小屋被广泛仿制，在世界各地的滑雪场中最为常见。图中的小屋建造于 19 世纪 40 年代。

关于它的一个有趣的事：

据说，在冬天砍伐的木材会比在其他季节砍伐的木材更加耐用。

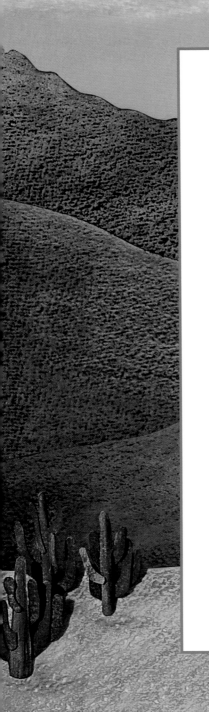

如果你住在这里，你需要爬上一个梯子，从隐藏的屋顶进入你家。你的家是由泥砖而不是木头建成的。你的家会和邻居的家共用墙壁，这样就会形成高达 5 层的联排结构，从远处望去就像一个村庄。如果不受欢迎的来访者出现，你可以把梯子拿开藏好。

这是什么房屋类型？
印第安村庄(pueblo)，西班牙语意为"小村子"。最早的建造者提瓦人（Tiwa），称他们的村庄为"teotho"。

它是由什么材质建造的？
厚厚的泥砖让印第安村庄冬暖夏凉。它的屋顶是由松树混着泥土搭建而成的，可移动的梯子能把入侵的游牧民族阻挡在外。

它坐落在哪里？
美国新墨西哥州陶斯镇的桑格罗·德·克里斯多山区。其他的类似村庄坐落在干旱且树木稀少的美国西南部诸州。

它是什么时候建造的？
从 13 世纪至今。泥砖房子在美国土著居民和欣赏这种建筑风格的人中仍然很流行。尽管后来建造了门，也不再有入侵者，但有些人还是偏爱使用梯子出入。

关于它的一个有趣的事：
在 16 世纪，西班牙人教土著提瓦人如何将土坯在阳光下晒成砖块，这种成形的砖块比不成形的泥土更加耐用和方便。

如果你住在这里，你可以从主房起床，在后房的厨房里吃早餐，然后不用出门就能走到谷仓。连接主房和谷仓的房子使你冬天不必在深雪与寒风中跋涉，就能照顾家养的动物。门也会把想要拜访你的牛啊、羊啊、鸡啊、鹅啊阻挡在外。

这是什么房屋类型？

谷仓连接房（connect barn）。最初建造这种房子的人并没有给它起名字，今天我们管它叫谷仓连接房或谷仓延续房。无论如何，当年有一首童谣完美地描述了它的结构："大房子，小房子，后房子和谷仓。"

它是由什么材质建造的？

来自当地锯木厂的木材用来建骨架、房间隔板、谷仓墙板和屋顶木瓦。花岗岩块或砾石用来打地基，而烟囱是由砖块做的。

它坐落在哪里？

在美国的东北部各州很常见。

它是什么时候建造的？

在美国内战结束后的几十年，因为畜牧业很兴旺，这种谷仓连接房的数量达到了顶峰。虽然现在人们已经不再建谷仓连接房，但它们很多幸存下来，被当作农场使用。

关于它的一个有趣的事：

谷仓连接房通常坐北朝南，后房对着寒冷的北风，而谷仓前面被保护起来的空地朝向阳光明媚的南面。

如果你住在这里，你的卧室会在一座山的内部。房子前面的窗子和门扉，掩盖了其实你是住在一个洞穴里的事实。厨房里的烟囱在山腰上竖立着。如果家里需要多一间房，你的家人会劈开内部的软岩，开拓新房。然后，你将成为世界上现存的 4500 万穴居人中的一员。

这是什么房屋类型？
洞穴住宅（carve dwelling）。

它是由什么材质建造的？
被称作石灰华（tufa）的软岩，很容易被切割，而且可以迅速在日光下晾干。覆盖着灰泥和陶瓦的砖块组成前面的门面。像泥砖一样，石灰华砌成的墙壁会使屋内常年保持着适宜的温度。因为不需要建屋顶，墙壁也很少，所以穴居住宅建造起来很便宜，而且与周围的景色融为一体。

它坐落在哪里？
穴居村坐落在西班牙安达卢西亚地区格拉纳达省的瓜迪克斯市。格拉纳达省的其他城市也有分布。在美国的南部地区、土耳其、中国和巴基斯坦也有类似的穴居住宅存在。

它是什么时候建造的？
人类从史前时代就在洞穴内居住。图中的洞穴住宅最早建于 16 世纪，坐落在西班牙塞拉内华达山脉的阴影中，现在是 12000 多人的住宅。如今的洞穴住宅通常有多层的、现代化的内部空间。

关于它的一个有趣的事：
很多从小在穴居村落长大的孩子们以为世界上的所有人都住在洞穴里，当他们发现大部分人居住的房子是有屋顶和四面墙壁时，感到非常吃惊！

如果你住在这里，你可以在卧室的窗边钓鱼。又高又结实的木质支柱把你的房子撑得高高的，远离太平洋小港涨潮时的海浪。潮水高涨的时候你可以跳上船去拜访朋友，潮水低的时候你可以在支柱的底部走来走去、抓螃蟹，或者看鹈鹕在头顶上飞来飞去、抓鱼。

这是什么房屋类型？
高脚屋（palafitos，建在支柱上的屋子）由渔夫建造于水面之上。住在这里的人可以很快地到他们停泊在下面的船上。

它是由什么材质建造的？
一般由松树、落叶松和肉桂树的木材建成。生长在水里的智利香桃木因为材质耐用，经常被用来搭建支柱。

它坐落在哪里？
智利的奇洛埃岛。这种高脚屋在亚洲、欧洲、非洲和南美洲的其他地方也有。

它是什么时候建造的？
从 16 世纪至今。图中的高脚屋建于 20 世纪初。

关于它的一个有趣的事：
高脚屋的建造通常被作为一项社区任务，由邻居们一起建设，很快就能完成。这段特别的共同劳作的时间被称为"mingas"。

如果你住在这里，你迈出家门就能坐上船去学校。你的社区就是一个略高于海平面的人工小岛，大大小小的运河组成了一张水网，交通方式几乎全部靠各种各样的船，而不是私家车、自行车和公交车。你家房子上面 3 层的地板是由木材和砖瓦建造，底层的地板高于水面。

这是什么房屋类型？
威尼斯宫殿。

它是由什么材质建造的？
巨大的圆木（木桩）被运来并扎进泥里，作为地基支撑上部的砖木框架。灰泥、石膏和其他一些更好的材质（例如大理石），被用来装饰内部和外部。

它坐落在哪里？
意大利威尼斯的大运河。威尼斯作为独特的"漂浮之城"，建立在亚得里亚海涨潮时形成的浅滩上。最初建城是为了躲避入侵陆地的野蛮人，因为他们没有船。后来，威尼斯成为世界上最富庶和繁华的城市之一。

它是什么时候建造的？
图中是威尼斯的达里奥宫，它建于 13 世纪，重建于 15 世纪 90 年代。后来它成为一个酒店，但现在又变为私人住宅。

关于它的一个有趣的事：
载你从家里去往学校的船，被称为贡多拉（gondola），它是由一位站着的划桨人操作的，这类人被称为贡多拉划手（gondolier）。在 2010 年，一位 24 岁的女孩成为贡多拉 900 年历史上第一位合格的女性划手。

如果你住在这里，你需要穿过 3 座吊桥才能回到你的家——一座城堡。一进家门，有无数的走廊和几十间房子让你跑来跑去，还有 7 座塔楼可以爬上爬下。站在塔楼上，你能看到远处数里之外的地方。城堡周围环绕着护城河，你可以在河里一边划船，一边和小鸭、天鹅玩耍，与青蛙、乌龟嬉闹。

这是什么房屋类型？
法式城堡（chateau）。它看上去和一般城堡差不多，但居住要更加舒适一些，没那么像一个军事要塞。然而当所有的吊桥都升起来的时候，几乎没有外人能够入内。

它是由什么材质建造的？
当地挖掘的花岗岩被用来搭建主体框架，内部由大理石、木头和瓦块建造。

它坐落在哪里？
图中的这座法式城堡，名为拉布雷德（La Brède），坐落在法国西南部的波尔多市。

它是什么时候建造的？
从中世纪起到现代，上千座法式城堡被建成。拉布雷德始建于 1306 年，16 世纪进行了修缮。图中是拉布雷德在 18 世纪的样子，当时它属于著名哲学家孟德斯鸠。2004 年以前，孟德斯鸠的后人都居住于此，现在它变成了一个博物馆。

关于它的一个有趣的事：
法国人认为，这种城堡高高的锥形屋顶很像女巫的帽子。

如果你住在这里，你的家里永远不缺陪你玩耍的朋友，因为你们十几户人都住在同一个巨大的圆形土楼里。你家里的起居室和卧室在上层，而厨房、洗衣空间是在一层和其他住户共享。内部房间面对着院子，只有上面两层的房间有朝外的窗户。

这是什么房屋类型？
中国福建土楼（土制居所或夯土居所）。土楼也有方形、长方形或八边形的，可以大到像个镇子，或小到仅仅是一个村。中国有个习俗，大家族的成员们通常居住在一起，有时候甚至没有血缘关系；共享居住空间，分担家务劳动，节省开支。而当有麻烦时，住在同一个建筑里的人也能相互保护。

它是由什么材质建造的？
建造外墙最主要的材料是夯实的细沙、石灰和泥土的混合物。石块、砖块和木头组成了内部结构。

它坐落在哪里？
主要集中在福建省龙岩市永定区洪坑村。图中的这座土楼是著名的振成楼。

它是什么时候建造的？
土楼的建造历史有 500 多年了。振成楼建于1912 年，如今被联合国列入世界文化遗产。

关于它的一个有趣的事：
土楼的设计可以抵御自然灾害。为了加强抗震功能，底部很厚的基墙在高处变轻、变薄，而圆形结构可以让强风轻松地绕着墙体流动。

如果你住在这里，你可以跑下楼梯去一楼爸妈开的面包店，吃椒盐脆饼和新鲜出炉的面包。你家的房子和邻居的房子靠墙隔开，墙壁从地基一直延展到陡峭的屋顶。屋顶下就是你的卧室，你醒来时可以听见附近森林里布谷鸟的叫声和从下面街道传来的喧闹声。

这是什么房屋类型？
半木质的联排房屋。这些房子的主人绝大部分都是在一层开店铺做生意。因为它们都建造得很紧凑，居民们哪怕是步行穿过镇子，也又快又容易。

它是由什么材质建造的？
这种类型的建筑是在木材充足的地方发展起来的。因为木质房子比石制房子建起来便宜得多。当你站在街上观察这些房子时，它们的结构清晰可见，就像一个能显示出骨架的 X 光片。

它坐落在哪里？
德国美因河畔的米尔滕贝格，北欧的其他国家也有分布。

它是什么时候建造的？
这些房子建于 16 世纪 30 年代，但半木质的房子从 12 世纪到 20 世纪都很流行，至今很多人仍然在这种房子里居住、开店铺。

关于它的一个有趣的事：
房屋主人需要根据底层的建筑面积交税，如果上层的建筑超出了底层，就有更多的空间而不用交更多的税。

如果你住在这里，在这么多十分相似的房子中，你如何找出自己的家呢？靠门和栏杆扶手的颜色，靠楼梯上的花盆，或者找哪家阳台上站着你的父亲。这些立方体形状的房子看上去似乎是叠着延伸上去的，形成了一道陡坡。因为街道通常会被当作室外空间使用，所以你可能要冲过一条窄巷才能从你的卧室来到厨房。

这是什么房屋类型？
它叫"白色城镇"，用白色颜料粉饰过的村镇房屋建在一起，以抵御来自爱琴海的季节性强风。

它是由什么材质建造的？
墙壁是由当地的石头和砖块覆上石膏建成的。在夏天，这些墙壁、楼梯和屋顶，甚至是石板路的石板，都被涂上了一层明亮的白色，来反射夏季暴晒的强光。

它坐落在哪里？
希腊的斯坦帕利亚岛。类似的建筑群在希腊的其他群岛和地中海沿岸的其他地方也有分布。

它是什么时候建造的？
因为这种建筑风格已经存在了 1000 多年，所以几乎不可能将旧房子与新房子区分开。

关于它的一个有趣的事：
村镇的街道被设计得像迷宫一样，以迷惑海盗和其他入侵者。

如果你住在这里，能很容易认出来你那装饰得明亮又温馨的家。你和你的妈妈、姐妹们会一起用刷子或手指蘸着五彩的颜料，在家的外墙上作画，有时候是粗犷的几何图案，有时候是花朵、叶子和鸟的形状。你的村庄每个家庭的外墙都是被家里人亲手装饰的，每个都有自己独特的风格，就像人的脸。

这是什么房屋类型？

恩德贝勒的彩绘房子。沿着这个村子的一条街道走，就像欣赏一个绘画展览。每幅壁画都在讲述这个家庭的故事。画中的某些符号会告诉你一些信息，例如这家有新生儿降临，那家有婚礼。这些画还可以传递政治观点。

它是由什么材质建造的？

这些圆形或长方形的房子由泥土和牛粪建成，有茅草编制成的屋顶。在过去，颜料是由黏土、石灰、煤烟和泥土做成的。现在，恩德贝勒的壁画画家们开始使用从商店里买来的精美的颜料。

它坐落在哪里？

南非德兰士瓦省的比勒陀利亚。

它是什么时候建造的？

建造彩绘房屋的传统可以追溯到 17 世纪。恩德贝勒的母亲们把绘制壁画这一习俗传给下一代，所以新的壁画得以诞生。

关于它的一个有趣的事：

在战争年代，恩德贝勒的女人们可以通过壁画来传递信息，进行秘密交流。

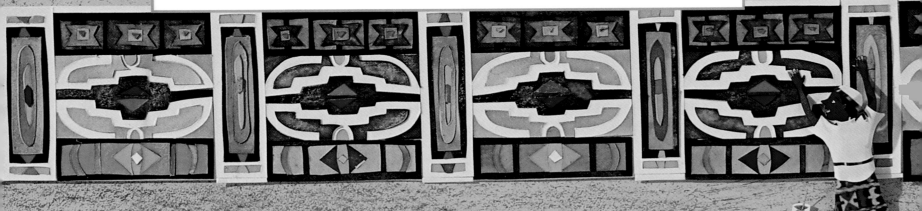

如果你住在这里，你可以跟家人一起带着你们的房子迁徙。这种房子叫蒙古包。它可以在一个小时之内轻松拆卸，而且材质轻便，能够让家养的马匹和牦牛驮着去新的牧草丰盛的地方，在那里重新搭建。尽管外面的毡布墙围成了貌似一个大房间的样子，但帐篷的内部可以被分割成几个小的居住空间。

这是什么房屋类型？ 蒙古包（yurt，在土耳其语中是"住所"的意思）。

它是由什么材质建造的？ 顶部格子状的框架顶端是一个木轮，竖立的起支撑作用的木柱子在此滑动。外围由毛毡组成。最外层通常涂上油来防水，还会有刺绣来装饰。

它坐落在哪里？ 主要位于蒙古族游牧地区，在亚洲的其他地区也有少量分布。

它是什么时候建造的？ 从 2000 多年前直到现在，都有人在蒙古包内居住。

关于它的一个有趣的事： 早年蒙古国一半以上的人居住在蒙古包内。

如果你住在这里，你足不出户，就可以跟家人一路从阿拉斯加旅行到佛罗里达。在这个大拖车里，堆放了一些折叠床，此外还有一个小厨房、一个小浴室、一个沙发、一些椅子和装满食物的壁橱。在家门口，你可以生起篝火，欣赏阿拉斯加的迪纳利国家公园的美景，或观看佛罗里达的沼泽中的短吻鳄。

这是什么房屋类型？ 清风牌房车（Airstream）。

它是由什么材质建造的？ 铝制主体、铁、橡胶、塑料与木材。

它坐落在哪里？ 世界上的任何角落，只要轮子能走到。房车不像蒙古包，为了人们寻找更好的地方定居而迁徙。房车的用途是为了度假和游玩。

它是什么时候建造的？ 1936年起，在俄亥俄州开始被制造和使用。

关于它的一个有趣的事： 最早，"有一个移动房子"的想法来自名叫威利·鲍姆的年轻人。他在一个由马匹拉着且能做饭的大货车里生活和工作。很多年后，他创建了清风公司，将自己的四轮货车发展成了旅行房车。

如果你住在这里，你能透过卧室的窗子看到日出，能感受到你的房子在旋转，晚些时候又可以透过同一扇窗子看日落。通过两个方向盘，你可以让漂浮屋旋转，从而欣赏到不同角度的风景。你想上岸时，只需通过一个 6 米长的金属舷梯。

这是什么房屋类型？
漂浮屋，受荷兰传统的船屋启发而设计，只要 4 个月便能建成。

它是由什么材质建造的？
墙壁、地板和房屋的框架是由轻型钢和绝缘泡沫组成。房子坐落在一个由空心钢管组成并有浮力的底架上，底架最多能承重 135 吨，保证房子在汹涌的波涛和暴风雨中也能平稳。

它坐落在哪里？
荷兰的米德堡。

它是什么时候建造的？
图中的房子建于 1986 年，被认为是第一个能够靠机械旋转的漂浮屋。

关于它的一个有趣的事：
漂浮屋可以说是早期环保建筑的一个例子，通过朝向太阳来获得热量，背向太阳来保持凉爽。因为漂浮在水上，它也不会占用宝贵的耕地面积。

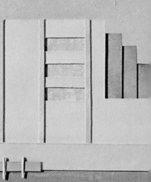

如果你住在这里，在凉爽的树丛间，你和你的朋友可以远离地面、远离父母、远离兄弟姐妹，尽情玩耍。利用你家后院里最粗壮的那棵树，以及你能找到的各种废旧物品，比如板子、旧门窗、旧家具、帆布、自制木梯，你就可以搭建一个自己想要的树屋。当它被建好以后，带着手电和睡袋爬进去，你就可以跟松鼠和啄木鸟为邻，像在家里一样舒适。

关于它的一个有趣的事：

人们从史前时期就开始为藏身和遮挡而搭建树屋。树屋的类型很多，在新几内亚岛的热带雨林中，树屋高达 30 米，远离地面；在意大利，自 17 世纪以来，就开始出现包括大理石长椅和喷泉的树屋。今天，整个家庭都可以居住在巨大的、内部配备现代化舒适家居设施的树屋里。

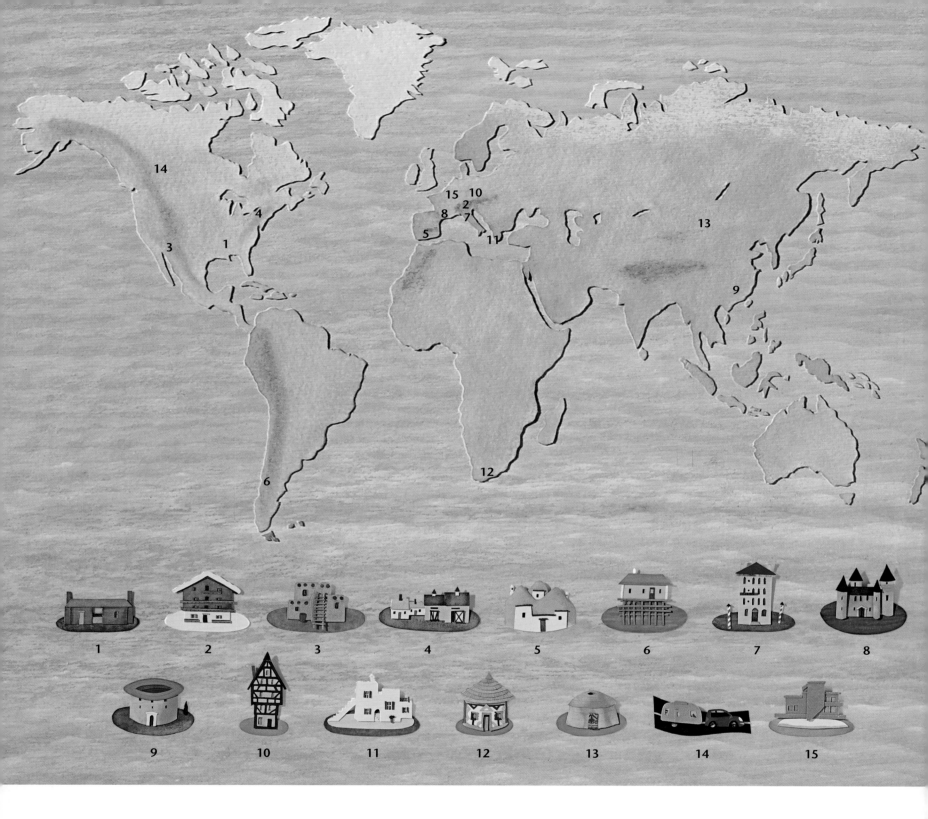

献给谢里尔·李·桑德斯（Sheryl Lee Saunders）。

参考资料： Hubka, Thomas C. *Big House, Little House, Back House, Barn*. Hanover, N.H.: University Press of New England, 1984. • Jürgen Hansen, Hans. *Architecture in Wood*. New York: Viking Press, 1971. • Keister, Douglas. *Silver Palaces*. Salt Lake City: Gibbs Smith, 2004. • Knapp, Ronald. *Chinese Houses: The Architectural Heritage of a Nation*. North Clarendon, Vt.: Tuttle, 2005. • Nelson, Peter and Judy, and David Larkin. *The Treehouse Book*. New York: Universe Publishing, 2000. • Ököhauser, Kleine. *Small Eco-Houses*. Köln, Germany: Evergreen, 2007. • Oliver, Paul. *Dwellings: The House Around the World*. Austin: University of Texas Press, 1987. • Walker, Lester. *American Shelter*. Woodstock, N.Y.: Overlook Press, 1997. • Wheeler, Daniel, and the editors of Réalités-Hachete. *The Chateaux of France*. New York: Vendome Press, 1979.

图书在版编目（CIP）数据

如果你住在这里 : 世界各地的房子 / (美) 吉尔斯
·拉沃什著；王越译. —— 北京 : 中国友谊出版公司,
2021.6（2024.8重印）

书名原文: IF YOU LIVED HERE: Houses of the
World

ISBN 978-7-5057-5255-9

Ⅰ.①如… Ⅱ.①吉… ②王… Ⅲ.①居住建筑 – 儿
童读物 Ⅳ.①TU241-49

中国版本图书馆CIP数据核字(2021)第111572号

著作权合同登记号　图字：01-2021-3272

IF YOU LIVED HERE: Houses of the World
By Giles Laroche
Copyright © 2011 by Giles Laroche
Published by arrangement with Houghton Mifflin Harcourt Publishing Company through
Bardon–Chinese Media Agency
Simplified Chinese translation copyright © (2021) by Ginkgo (Beijing) Book Co., Ltd.
ALL RIGHTS RESERVED

本书中文简体版权归属于银杏树下（北京）图书有限责任公司

书名	如果你住在这里：世界各地的房子
作者	〔美〕吉尔斯·拉沃什
译者	王　越
出版	中国友谊出版公司
发行	中国友谊出版公司
经销	新华书店
印刷	天津裕同印刷有限公司
规格	889 毫米 × 1194 毫米　　12 开
	$2\frac{2}{3}$ 印张　　20 千字
版次	2021 年 8 月第 1 版
印次	2024 年 8 月第 10 次印刷
书号	ISBN 978-7-5057-5255-9
定价	30.00 元
地址	北京市朝阳区西坝河南里 17 号楼
邮编	100028
电话	（010）64678009